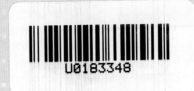

孩子读得懂的基因科学

2 打开潘多拉魔盒

张瑞洁 著 小未 绘

北京理工大学出版社
BEIJING INSTITUTE OF TECHNOLOGY PRESS

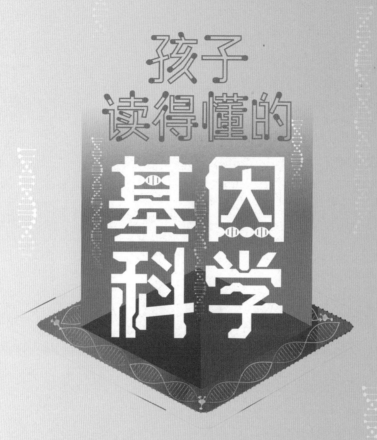

图书在版编目（CIP）数据

孩子读得懂的基因科学：全3册 / 张瑞洁著；小未绘. -- 北京：北京理工大学出版社, 2023.8

ISBN 978-7-5763-2453-2

Ⅰ. ①孩… Ⅱ. ①张… ②小… Ⅲ. ①基因工程—少儿读物 Ⅳ. ①Q78

中国国家版本馆CIP数据核字（2023）第105917号

出版发行 / 北京理工大学出版社有限责任公司
社　　址 / 北京市海淀区中关村南大街 5 号
邮　　编 / 100081
电　　话 / （010）68914775（总编室）
（010）82562903（教材售后服务热线）
（010）68944723（其他图书服务热线）
网　　址 / http: //www.bitpress.com.cn
经　　销 / 全国各地新华书店
印　　刷 / 三河市金元印装有限公司
开　　本 / 787 毫米 × 1092 毫米　1/16
印　　张 / 12
字　　数 / 134千字
版　　次 / 2023 年 8 月第 1 版　2023 年 8 月第 1 次印刷
定　　价 / 69.00元（全3册）

责任编辑 / 徐艳君
文案编辑 / 徐艳君
责任校对 / 刘亚男
责任印制 / 施胜娟

图书出现印装质量问题，请拨打售后服务热线，本社负责调换

青鸟童书
只做对得起时间的书

目录

第一章 基因的“摩斯密码”

第二章　打开的潘多拉魔盒——基因突变

第一章

基因的“摩斯密码”

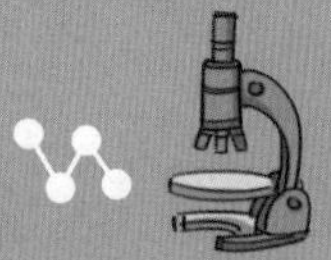

1 给我一首歌的时间

“能不能给我一首歌的时间，把故事听到最后才说再见……”
作曲家把简单的 do（1）、re（2）、mi（3）、fa（4）、sol（5）、la（6）、si（7）七个音符按照不同的顺序排列，组合成一首首不同的歌曲。
好比听到“333，333，35123”我们就知道是《铃儿响叮当》，而听到“1231，1231，345”则是《两只老虎》。

我们的基因也像歌曲一样，由四个“音符”组成，
这四个“音符”就是之前我们提到的四种碱基 A、T、G、C，
科学家将这四个“音符”的排列顺序称为序列。
咱们每个人都有独属于自己的基因序列，
它是我们不同于其他人的独家密码。

1945 年，美国遗传学家比德尔通过反复研究面包上面的红霉菌，
发现所有生命活动都要靠蛋白质，
而蛋白质受基因的“调控”。
那么，基因是如何凭借四个简单“音符”，
去操控多变的蛋白质的呢？

乔治·韦尔斯·比德尔（1903—1989）
美国遗传学家，
因发现基因能调节生物体内的化学反应，
获得 1958 年诺贝尔生理学或医学奖

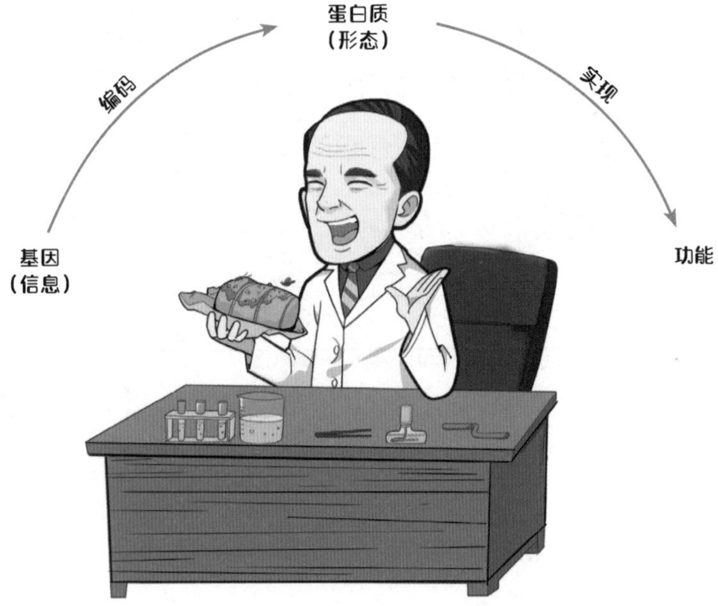

还是让我们先来补充点蛋白质的知识吧。

“蛋白质”这个名字是瑞典化学家贝采利乌斯在 1838 年提出的，随后荷兰化学家穆尔德发现，蛋白质是由多种不同的氨基酸组成的。

我们的身体在生长时，细胞会拿出一个大碗：

来点氨基酸一号，加点氨基酸二号，再倒入点氨基酸三号，

然后把它们组合拼接在一起——嘭！蛋白质诞生啦！

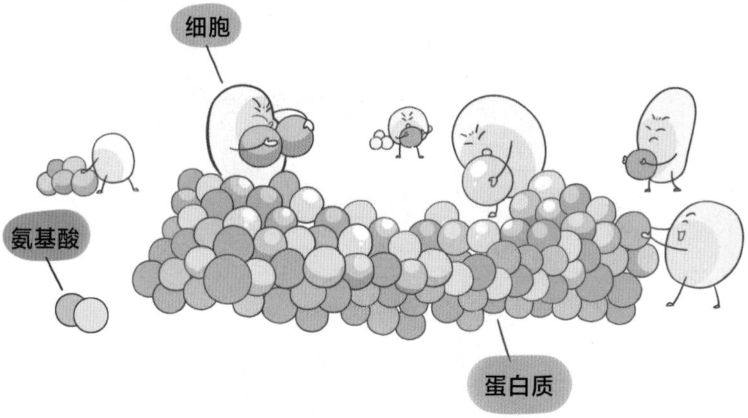

目前已知生物界存在二十二种氨基酸，我们人体中有二十种。

这二十种形状各异的氨基酸组成了成千上万种蛋白质。

这……是不是跟核苷酸组成 DNA 很像？

小朋友们，其实我们身体里的物质，本质上都是某些相同的小分子，通过不同的组合方式，形成了身体不同部分，执行各种生理功能。

现在我们大概了解了蛋白质和氨基酸，
让我们再回到基因是如何操控蛋白质的谜题上。
在基因科学领域辛勤耕耘的沃森一直在探索其中的奥秘，
为了更方便地跟其他科学家探讨交流，
他甚至办了个基因俱乐部，叫作“RNA 领带俱乐部”。

说起来有点儿像学校里的兴趣小组，
不过这个小组稍稍有些不一般。
因为人体只有二十种氨基酸，
所以这个俱乐部人数限制在二十人，
每个人都有一个氨基酸代号。
有趣的是，除了这二十人，
他还专门招收了四位代表
四种碱基（A、T、G、C）的俱乐部成员。

RNA 领带俱乐部的每一位成员都定制有
RNA 螺旋结构的领带

他们聚会的时间、地点都十分随意，
实验室、模型室、图书馆甚至是咖啡厅，
只要有人灵感乍现，大家就放下手里的工作马上聚集起来。
这个兴趣小组活动现场的状态无非两种——
吵得面红耳赤或者兴奋得开始给科学观点配插图。

在一遍遍研究和讨论中，沃森有了一个大致的猜想，
他认为细胞里肯定有一位“翻译官”，
它能把 DNA 的序列翻译成氨基酸序列，
然后不同的氨基酸按照序列拼接成不同的蛋白质。
这个“翻译官”，就是我们之前提到过的 RNA。
RNA 可不是一个人，而是一个大家族，兄弟姐妹们都各司其职。
姐姐负责把 DNA 的序列翻译成它们 RNA 家族的专属暗号，
而弟弟负责把氨基酸搬运过来，
姐姐再喊其他兄弟姐妹们，
一起把氨基酸按照固定顺序拼接组装成蛋白质。

当 RNA 被提出的时候，
生物学家开始同步破译 RNA 家族的专属暗号——
DNA 序列与氨基酸的关系。
是一种碱基对应一种氨基酸吗？
显然不是，我们只有四种不同的碱基，
如果一对一的话，
那我们人体应该只有四种氨基酸才对呀！
怎么会是二十种呢？

生物学家们通过数学假设，
最终提出了“每三个碱基对应一种氨基酸”的观点。
有了这个观点，美国遗传学家尼伦伯格在 1961 年成功破译遗传密码。
这意味着，如果我们知道一段序列，就能推测出这段序列背后的氨基酸，
继续下去就能推测出氨基酸组成的蛋白质。
这可是当时轰动整个生物学界的大事！
尼伦伯格因此获得诺贝尔奖也属实至名归。

马歇尔・沃伦・尼伦伯格（1927—2010）
美国生物化学家，因破解了遗传密码而获得
1968 年诺贝尔生理学或医学奖

2 隐藏的身份证

前面的内容是不是有点难度？

现在让我们轻松一点，想一想手机为什么设计成人脸解锁或指纹解锁？

甚至还出现了皮肤芯片识别——

只需把自己的皮肤贴在检测仪器上，就会根据皮肤厚薄等特征来识别身份。

因为啊，这些都是我们每个人独有的生物特征，

生物特征识别技术能在茫茫人海中锁定每个人。

听起来似乎跟基因关系不大？
但仔细想想，我们从妈妈肚子里生长发育成现在的模样，
拥有独一无二的指纹、长相和皮肤，这全程都离不开蛋白质的参与。
如果把我们的身体比作一栋高楼，
那么蛋白质就是建构身体高楼的水泥。

即便是同卵双胞胎，也有许多不同的地方

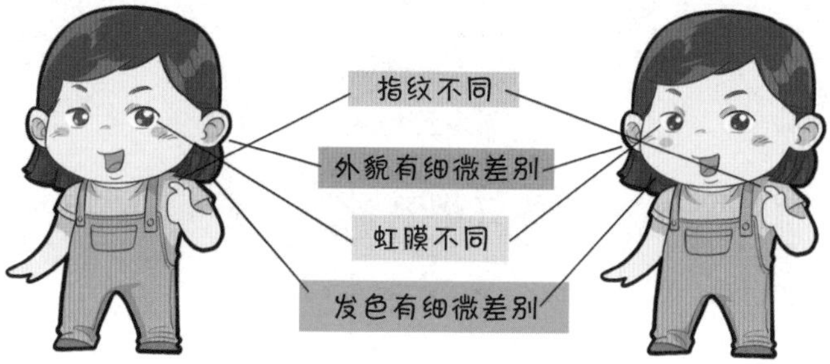

而蛋白质的产生，
取决于我们细胞的 DNA 序列。
这个世界上，我们人类永远没有一模一样的 DNA 序列，
所以说，基因才是每个人隐藏着的最特殊的身份证。

双胞胎的 DNA 并非一模一样

在我们的血液、皮肤，甚至是头发丝里，都藏着“特殊身份证”，
它不仅可以证明我们的身份，还能证明我们的父母是谁。
因为我们的基因一半来自妈妈，一半来自爸爸，
虽然在拼凑的过程中可能会细微变化，但是总体来说还是十分相似的，
所以相似度大于或等于 99.99% 才能确定是亲子关系哦。

随着科技的发展以及对 DNA 结构的认知，
现在只要取几根头发就能提取 DNA 了，非常安全便捷。
比起古代不靠谱的“滴血认亲”，
亲子鉴定的效率和准确率毋庸置疑。

问题又来了，最先提取出 DNA 的人是谁呢?

时间回到 1869 年，那时候战争四起，

瑞士生物学家弗雷德里希·米歇尔的研究所隔壁就是医院，

医院里每天都涌入大量的伤员，

于是米歇尔常常去医院索要伤员们换下的绷带，

那些绷带上有血、脓，

不仅是细菌的天堂，还是细胞的大本营。

在经过清洗、过滤等很多复杂的步骤后，

米歇尔收集并分析了其中的物质及其含量，

发现了一种全新的物质，

他给它起名为核素，也就是我们提到过很多次的 DNA。

米歇尔提取出了 DNA，那又是谁检测出了 DNA 序列的呢？
这个人就是聪明的英国生物学家弗雷德里克·桑格。
1975 年，他研究出了链终止法技术来测定 DNA 序列，
这打开了基因研究领域的大门，
也为“人类基因组计划”拉开帷幕……
（这是一项全人类的计划，我们后面会讲到哦）

弗雷德里希·米歇尔
（1844—1895）
瑞士生物学家，DNA 的发现者

桑格研究出的这个测序技术被命名为“双脱氧链终止法”，
但是人们更习惯叫它“桑格法”。
桑格也因此获得了他第二个诺贝尔化学奖，
他也是唯一两次获得该奖的科学家。
此后随着基因科学的发展，
还出现了第二代测序、第三代测序和第四代测序，
但是都是建立在桑格法基础上的创新。
即使未来我们可能还会研发出第五代、第六代测序，
却都无法掩盖第一代测序提出时的耀眼光芒。

研究蛋白质和胰岛素结构，
证实胰岛素具有特定的氨基酸序列

测定 DNA 序列的链终止法技术

3 金牌快递员

随着测序技术的创新更迭，基因检测服务也随之推广开来。

除了亲子鉴定，

人们还可以通过检测基因序列，破译序列密码，

来预测一个人的外貌、性格、情绪甚至是疾病。

首先是外貌，尤其是身高方面，
除了后天锻炼和补钙可以弥补一下，
基因在这方面是拥有一定掌控权的。
我们一出生，甚至是在妈妈肚子里的时候，
从父母那里获得的身高基因就已经开始起作用了，
它会翻译出“长高蛋白”和“变矮蛋白”，
这些蛋白互相搏斗，谁打赢了，就听谁的。

其次，性格和情绪虽然后天环境影响更多一些，
但是当我们遇到特殊的人或事时，所产生的反应也会受基因的影响。
2009 年英国《皇家学会生物学分会学报》上刊登过一项研究，
人体内有一种基因，就先叫它快乐基因吧。
这种基因有三种形状，分别是三角形、长方形和圆形，
科学家们找了许多志愿者来做实验，让他们看搞笑的图片和悲伤的图片，
结果发现拥有三角形快乐基因的人更喜欢看搞笑图片，
同时还会自动屏蔽悲伤图片对自己心态的影响。
看来三角形快乐基因更容易让人开心幸福呢！

最后，通过基因来检测胎儿可能产生的疾病已经非常普遍了，
孕妈妈们都会通过基因检测来看看胎儿是否患有染色体方面的疾病。
不仅如此，随着基因科学的发展，
有的人甚至不惜花重金去分析自己的基因序列，预测可能会产生的疾病。

关于基因导致的疾病，还有一个在生物学界广为流传的故事。
英国物理学家道尔顿，在圣诞节那天送给了妈妈一双他精心挑选的袜子，
可是妈妈收到后却一直没有穿。

道尔顿有点难过，就去问妈妈为什么，
结果妈妈的理由是：
红色的袜子太鲜艳了，不太适合自己。
听到妈妈的话后，道尔顿愣住了，
明明是“棕灰色”的呀，
妈妈为什么说是红色？
于是他拿着袜子又去问了周围的人，
结果发现除自己和弟弟之外，
其他人都说这是一双红色的袜子！

道尔顿通过查阅书籍，自行研究探索，
终于知道原来自己和弟弟都是红绿色盲，他也成为第一个发现色盲症的人。
随后很多生物学家开始研究色盲症，发现红绿色盲其实是一种基因遗传病，
也就是说道尔顿的妈妈或者爸爸的身体里携带有色盲基因。

除此之外，还有先天性心脏病、贫血、重度近视等，
都是父母的染色体里带有致病基因，然后传给了孩子。
基因是父母与子女的传递纽带，无论是坏的特征还是好的外貌，
都有可能被这位“金牌快递员”从爸爸妈妈身上为孩子送货上门。

虽然运用现在的科学手段，已经能通过基因分析，
给孩子的未来勾勒出最初的形状，
但是基因产生蛋白质的过程并不是三言两语能说清的，
依然有许多复杂的未知。
而基因检测的结果也只是一种“可能”，
生存的环境、遇到的人和事、受到的教育等，
才造就了最终的我们。

4 全人类一起完成的一件大事

现在呢，我们来思考一件可能被你忽略的事情。

我们通过检测基因序列，

分析出来的“艺术基因”“运动基因”“高矮基因”等，

最初是怎么得出的答案呢？

换句话说，人们一开始是怎么知道这个是艺术基因，

那个是高矮基因呢？

这其实靠的是超大量的人类数据样本收集统计，
是科学家们通过对样本一个一个基因序列的比对，
筛选出艺术家的模板基因与普通人基因不同的地方，
然后再进行一轮轮实验和分析得出的。
现在基因检测如此普及，正是因为我们已经建立了很多人类基因数据库，
只需要动动手指，就能搜到你想要的“艺术家基因序列”啦。
当然，结果仅供参考。

对于第一代测序技术的发明者桑格来说，
这简直不敢想象。
1977 年，桑格成功检测了某个特殊病毒的基因序列，
这个病毒的 DNA 有 5000 多个碱基对，
而我们人类大约有 32 亿个碱基对！
人类的基因这么庞大复杂，要想全部检测出来，
可不是几位贫穷的生物学家能做到的。

如果我们能获取到全部的人类基因序列，
就能提前锁定例如色盲症等遗传疾病的致病基因，
再想办法进行接下来的基因治疗就行了。
检测和统计人类基因组，能够帮助人类预防并攻克许多疾病，
但是，这么庞大的工程，该交给谁呢？

古有愚公移山，今有全球基因组检测计划。
就是说让全世界的科学家都参与进来，
每个国家分担一部分工作，
你测第一段，我测第二段……
全球接力，共同完成这个大计划！

能有强大号召力，将全人类都调动进来的“愚公”是谁呢？

就是我们频频提到的，“DNA 之父”——沃森。

沃森一直在基因领域探索，深知描绘出人类基因图谱是件多么重要的事情。

1985 年，沃森组织相关会议，

不仅讨论了如何分工，还讨论如何让检测技术更快更好。

参加会议的有生物学家、数学家、化学家、工程师，

各路精英都积极参与进来。

由此开始，检测人类基因序列的项目被正式推出，

还起了一个响亮的名字——**人类基因组计划**。

沃森当仁不让地成为该项目的负责人。

随后，中国、法国、日本与德国的科学家陆续宣布加入这项伟大的计划。

20 世纪人类科技发展史上最伟大的三件事：

40 年代第一颗原子弹爆炸，

60 年代人类首次登陆月球，

以及人类基因组计划。

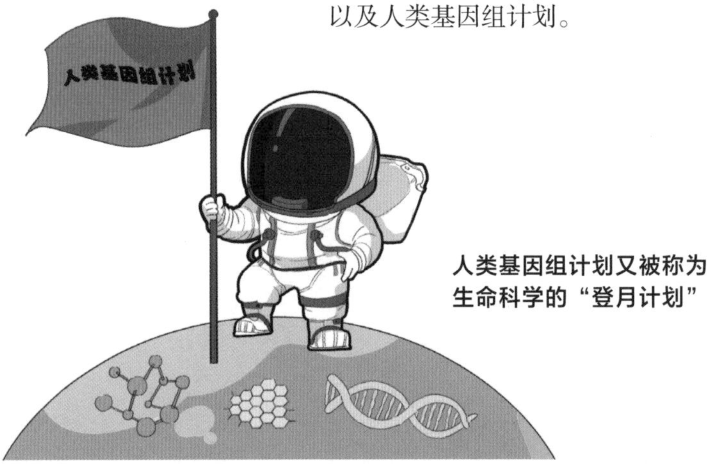

人类基因组计划又被称为
生命科学的“登月计划”

1994 年，中国科学院的吴旻、强伯勤、陈竺、杨焕明四位院士

率先开始了我国的人类基因组检测探索。

1999 年，我国正式参与全球的人类基因组计划，承担其中 1% 的任务，

我国也是当时参加这个项目唯一的发展中国家。

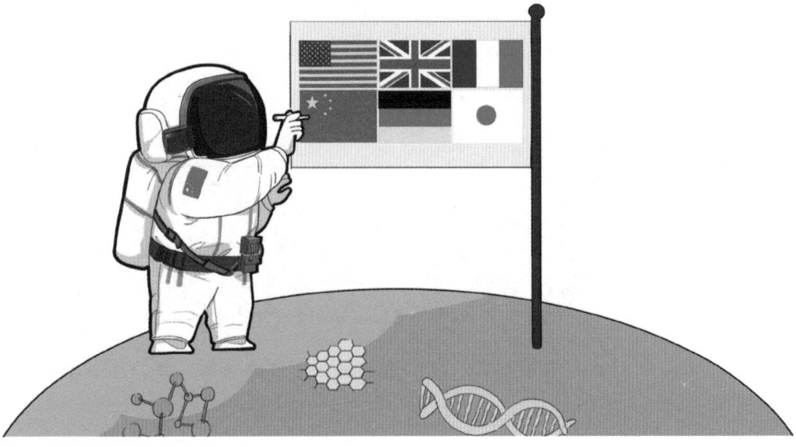

然而人类基因组计划并不是一帆风顺的，
就在各个国家基本上分好工作量的时候，
美国的塞雷拉基因组生物公司，
凭借自己庞大的财力和最先进的基因序列检测仪器，
声称要比全球“人类基因组计划”项目更快地检测完人类序列，
并且还会去申请专利。
什么意思呢？
就是以后人类的基因序列就属于这家公司，
只有他们把数据卖给我们，我们才可以阅读、破译和研究。

这让全世界不分昼夜探索的生物学家们十分愤怒，
一项有益于全人类的事情，属于全人类的基因组，竟然要被商人独占和利用？
于是一场没有硝烟的战争开始了。

各国从技术手段、人员和资金投入等方面开始加速。
就在这场竞速赛越来越激烈、不分胜负的时候，
双方都在某个技术手段上卡壳了……
这种没有进展的胶着状态对整个人类来说，无疑是不利的。
最终，美国政府出面进行调停，双方签订了“停战协议”，
塞雷拉公司承诺与国际测序组织共享数据。

然而就如许多人预料的那样，
塞雷拉公司违背了他们的承诺，
他们没有拿出检测的数据与世界共享，
反而企图将部分基因序列拿去申请专利。
庆幸的是，
美国拒绝了塞雷拉公司的申请，
并且宣布人类基因组数据不可独占，必须向全人类公开。

2000 年 6 月，美国、中国、英国、法国、德国和日本共同宣布，
人类基因组计划的初期草图已经全部完成。
这项全球参与的计划，破译了我们人类全部的遗传信息，
代表了基因科学进入了应用环节，
也让基因检测技术得到了巨大提升。
2003 年，人类基因图谱全部完成，
这凝结了许许多多位科学家不懈的辛苦奋斗。

来自不同国家共 16 个机构的科学家集体合影

“人类基因组计划”仿佛一本《新华字典》，建立了属于人类的基因数据库，
我们在电脑上就可以查到某些外貌表型，
特别是疾病的基因组序列，甚至可以考虑基因治疗。

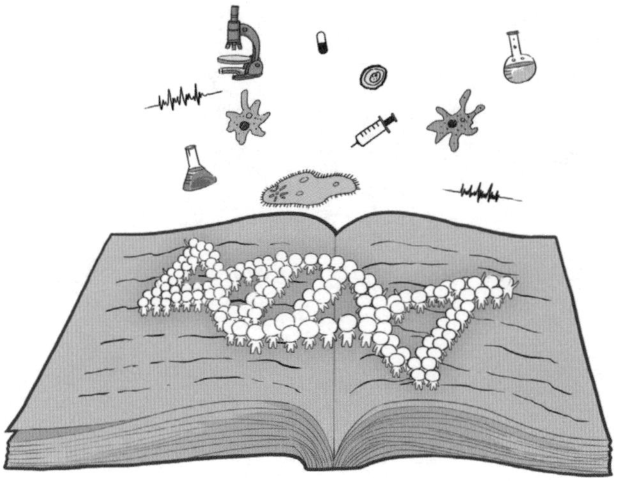

“人类基因组计划”加快了我们破译生命的脚步，
不仅是遗传学方面，
在生物学、医学和药学等方面都拓展出了更加广阔的探索天地。

我国首个国家级基因库于 2016 年在深圳建成使用

第二章

打开的潘多拉魔盒——基因突变

1 红眼睛 白眼睛

嘿！认识彼得·帕克吗？
或者我们换一个名字——蜘蛛侠。
电影里他被蜘蛛咬了一口变成了有异能的人，
可以发射蛛丝粘到各处，还能用蜘蛛网捕捉“猎物”。
这种事情真的有可能发生吗？

……

当然不会！

如果可能的话，早就有人被夏天的蚊子改造成蚊子侠了。

这就涉及了基因突变的问题。

用蜘蛛侠举例来说，咬了蜘蛛侠的小蜘蛛，在辐射的环境下基因突变，

成了“新型蜘蛛”，其实有存在的可能性。

但是“新型蜘蛛”咬了人类，让人类变成蜘蛛侠，就绝无可能了。

要想搞明白其中的原因，

我们还得继续聊聊基因科学的探索历史。

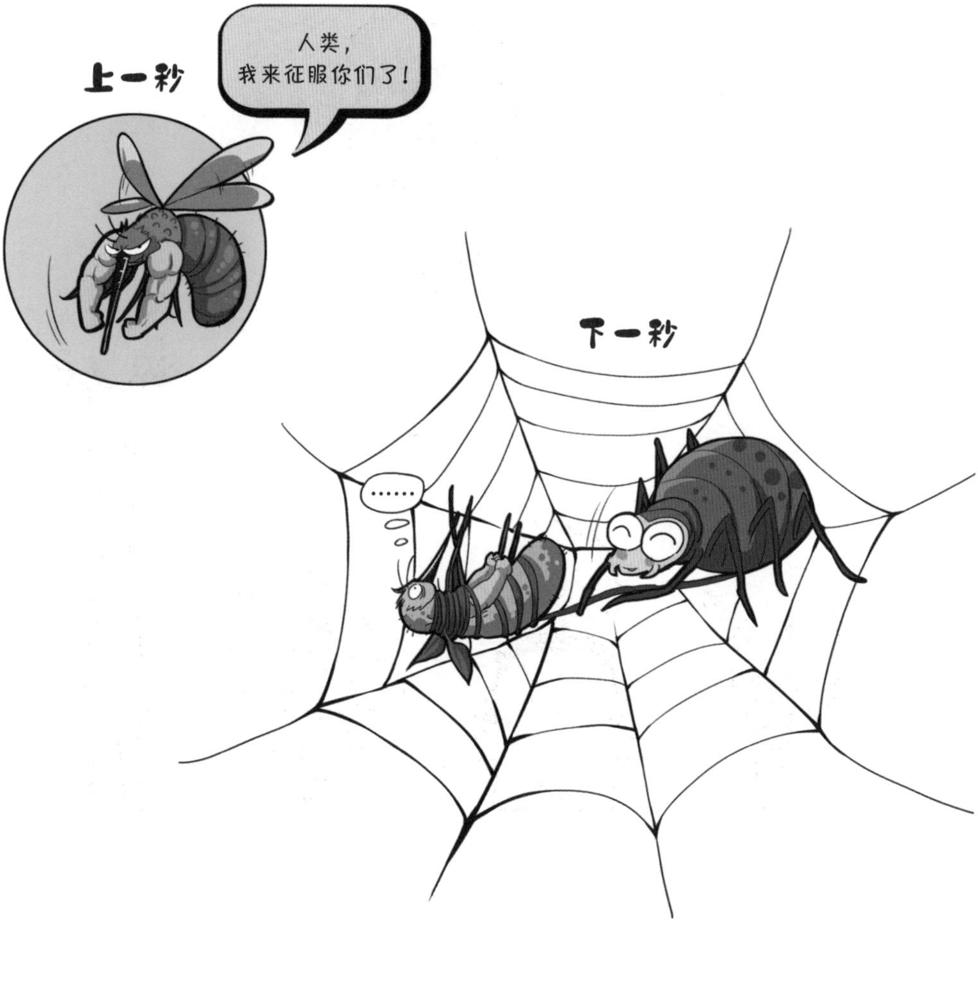

你还记得达尔文的优秀学生代表德弗里斯吗?

就是那位发现巨型月见草的荷兰植物学家,

正是他首次提出了“基因突变”的概念。

那时候大家对基因突变的概念了解得不够深入,

只知道在基因骤然改变之后,

才有了高的、矮的、红色叶脉等各式各样的月见草。

在一次拜访中，德弗里斯把自己的发现和推论告诉了摩尔根，

他猜测基因的变异是一个短时间内的“突发事件”，

并且突变后有可能出现一个新的物种。

这仿佛是一个提醒，让正在上天入地捉果蝇做实验的摩尔根眼前一亮，

恨不得给德弗里斯一个大大的拥抱。

因为那时摩尔根正陷入一个难题中无法抽身。

为了探索基因是否在染色体上，

摩尔根试图从果蝇的基因里找一个重要代表，

这个代表一定要够显眼，

就好比不同人种的黑头发、黄头发似的一目了然，易于观察。

但是说来容易，摩尔根和他的研究团队找啊找，

把各式各样的果蝇研究了一圈，也没有找到。

为什么从果蝇身上没有找到适合研究的性状呢？
为什么没有一目了然的无翅膀果蝇呢？
实在不行，一只复眼果蝇和三只复眼果蝇也行呀？！
恰好德弗里斯的推论提示了摩尔根，
让他有了新的研究跑道：
没有直观性状，那诱导出一个新的性状不就行了？
这就是诱导基因突变。

从 1908 年开始，哥伦比亚大学摩尔根的实验室里，可怜的果蝇开始了疯狂大冒险。
它们一会儿住在热得要死的屋子里，一会儿住在快要冻死的冰块屋里，
甚至连吃的食物都奇奇怪怪：红色的、绿色的、紫色的……
果蝇产下的卵被放在不同的环境中，
不同环境下的虫卵再用酸性或者碱性的液体不断刺激……
然而……果蝇们都没有突变出奇怪的性状。

直到 1910 年，摩尔根招收了一个名叫赫尔曼·约瑟夫·穆勒的勤奋的研究生。
穆勒对基因突变有着浓厚的兴趣，
积极加入了“人工诱导果蝇基因突变”的课题中。

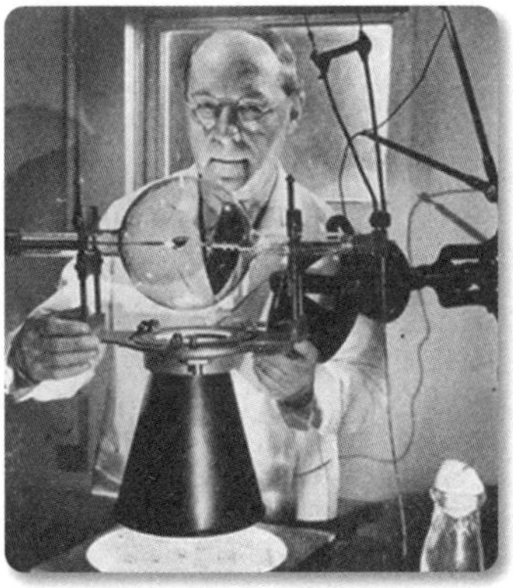

赫尔曼·约瑟夫·穆勒（1890—1967）
美国遗传学家，1946 年获
诺贝尔生理学或医学奖
代表作：《基因的人工诱变》

穆勒想出了用 X 射线照射果蝇的方法。
没过几个月，摩尔根就从红眼果蝇堆里发现了一只白眼果蝇。
虽然不确定是不是 X 射线的功劳，但它显然是“变身”成功了。

摩尔根对这只天选之子……
呃不对，天选果蝇视若珍宝，
每天把它带在身边，甚至睡觉也陪着它。
正是这只与众不同的果蝇，
才让摩尔根证实了我们之前提到的
“基因位于染色体上”的概念。

说了这么多，基因突变到底该怎么理解呢？

其实就是 DNA 的碱基改变，导致了基因序列的错乱，

从而极大可能产生新的蛋白质，

一步步有了跟祖先不同的新的生物性状的诞生。

就像蜘蛛侠故事中咬了主角的那只辐射蜘蛛，

相比普通蜘蛛，它就拥有了新的性状。

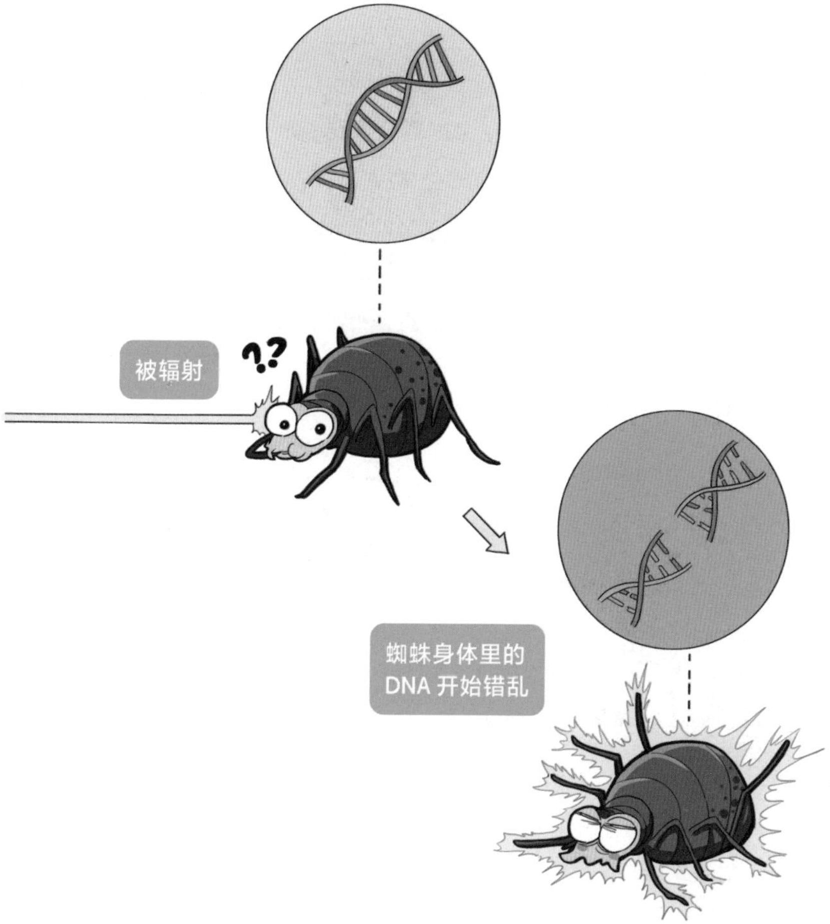

2 自然界的神秘力量

自然界偶尔也会出现基因突变现象。

有可能是在生物生长时，

细胞分裂时或者 DNA 复制时出现了错误。

这就好比给机器人设置程序时，突然手误输入了错误代码，

导致正常行走的机器人突然蹦起了迪……

确实有点儿吓人。

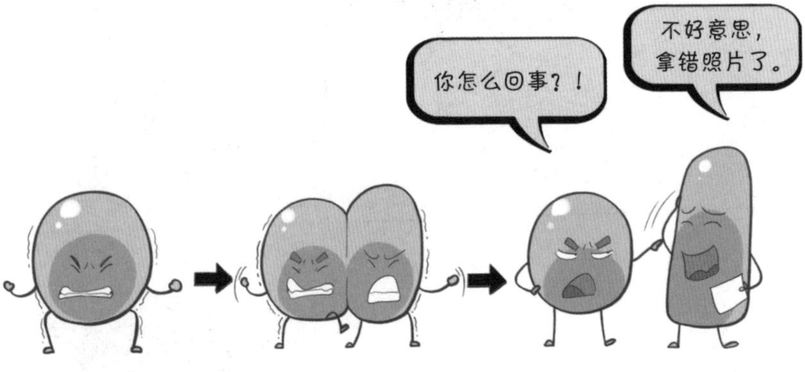

除了自然界中的动植物，我们人类也有一些基因突变导致的疾病。
比如唐氏综合征的患者，他们的面部和普通人不同，
智力和身体发育也十分缓慢，其实是染色体发生异常。
还有镰刀型细胞贫血症，
我们身体里的血细胞是圆圆的，
但是由于基因突变，某些血细胞会变成镰刀的样子，
这种弯弯的细胞运氧的能力很差，还会堵塞血管，严重影响身体健康。

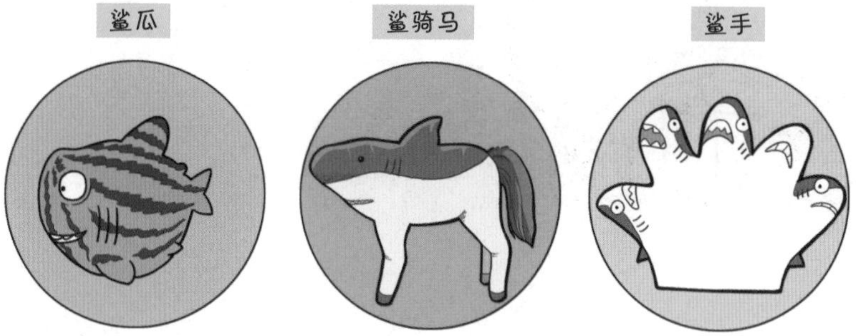

看到这里，会不会有小朋友担心——
我要是被 X 射线或者激光照到，会不会引起基因突变呀？
基因突变是一个非常偶然的过程，
生活中正常的活动和就医，完全不用担心引起突变。

我们更需要警惕的是人类活动产生的辐射，比如核武器。
核导弹爆炸后产生的化学物质，
会释放强大的辐射，极有可能诱导基因突变。
这些看不见的强烈射线会直接改变我们的DNA结构，
原来像旋转拉链的DNA有的断裂，有的变直，
有的甚至会窝成一团，
无法再制造我们需要的蛋白质。

虽然我们身体内都有“突变检测机构”，它们就像巡警一样，在身体里巡逻，
如果发现了突变的基因，会立刻进行修复工作，
但是有可能会遗漏，也有可能修复失败。
而且这些化学物质的放射时间长短不一，影响力巨大，
有的甚至要几十万年才会消散。
所以被核武器轰炸过的地方，人类是不能继续居住和生活的。

除了辐射，引起基因突变的还有一些化学试剂和生物毒素。
20 世纪 60 年代，英国伦敦的农场有十万多只火鸡突然死亡，
不仅农场亏损严重，住在附近的人们也瑟瑟发抖：
火鸡为什么会突然死亡？
是地理原因还是什么诡异现象？
还没等人们闹清楚，随之而来的是大量鸭子也开始死亡。
一时间，很多农场被迫关闭。

经过取样调查研究，最终发现致死物竟然是从巴西进口的花生残渣！

即便是榨油后剩下的花生残渣也富含蛋白质等营养物质，

所以经常被用来作动物饲料。

这批花生残渣都被一种细菌污染，

从而产生了一种有毒物质——黄曲霉毒素。

1993 年，黄曲霉毒素被世界卫生组织癌症研究机构划定为 I 类致癌物。

火鸡离奇死亡的谜案告破，随之而来的是人们对黄曲霉毒素的重视。

除了被污染的花生，它还存在于玉米、大豆等油脂含量较高的食品中，

尤其湿热环境下更容易滋生黄曲霉毒素。

还有一类狡猾的化学物质也是诱发基因突变的“凶手”。
它们凭借自己和DNA上碱基很像的外表，去迷惑DNA，
蒙混过关的，就被组装进DNA双链上，
但它们毕竟是冒牌货，无法正常工作，
导致蛋白质合成失败，阻碍细胞生长。

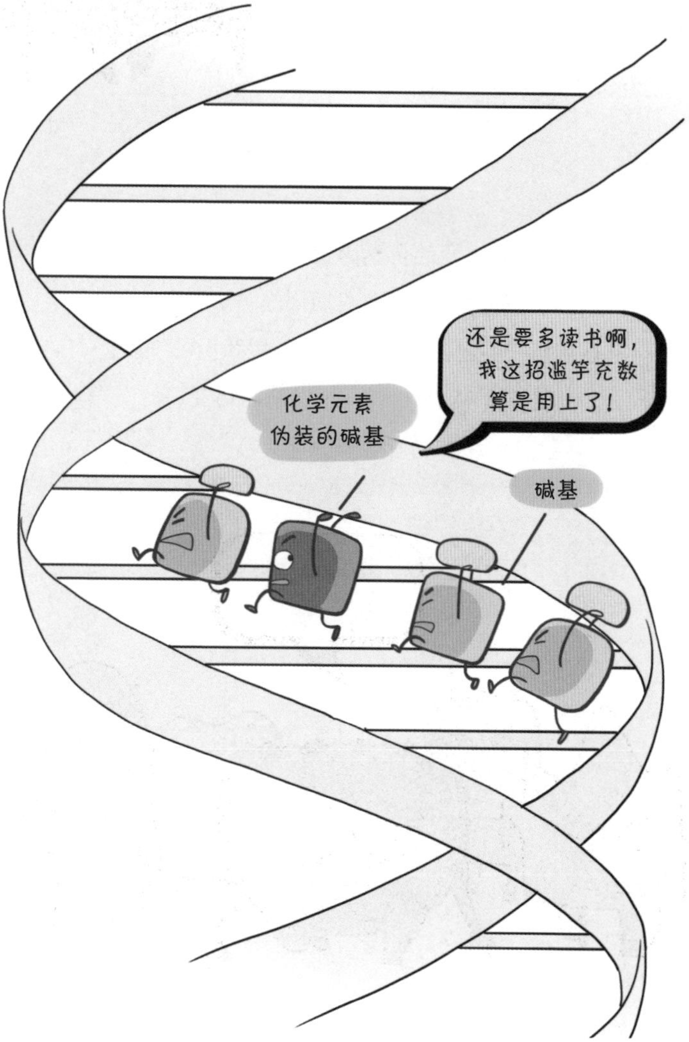

3 可怕的蝙蝠

刚才讲了影响基因突变的自然因素、物理因素、化学因素，
还有一种因素潜伏在我们周围——病毒。
某些病毒一旦感染上，会直接入侵我们的细胞，
破坏 DNA 的复制，诱发基因突变，
导致遗传病或癌症等。

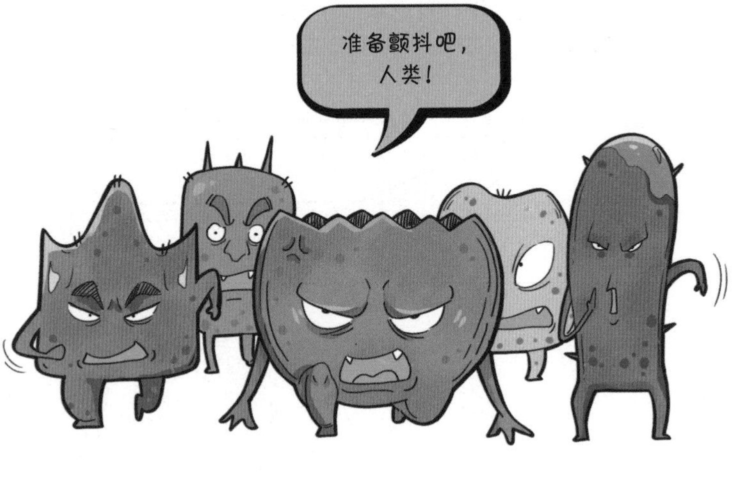

我们知道细胞组成了生命，而病毒这种非细胞的生物，
就像是细胞的寄生虫，必须依赖细胞才能生存下去。
一旦入住细胞成功，病毒会在这个不属于它的家里胡吃海塞，毫不客气。
可是，它们是怎么破门而入，大摇大摆住进去的呢？

病毒入侵人体后，把自己的基因（DNA 或 RNA）偷偷扔进细胞里，
或者把自己黏在细胞表面，
当细胞吞噬外界物质张大“嘴巴”的时候，它们就迅速溜进去。

成功入住细胞的病毒利用傻乎乎的细胞工厂，
生产自己的蛋白质和需要的东西，
再流水线般地组装复制出许许多多个自己。
仿佛滚雪球一般，一个病毒入侵细胞，复制出几十上百个自己，
就这样不停复制下去，最终病毒们挤破寄生的细胞，
扩散出去，入侵更多的细胞。
病毒如草原上野火般蔓延，我们身体里的细胞败给了大火，
疾病也在这时随之而来。

用病毒性感冒举例，病毒在入侵细胞后，其实并不会立刻复制自己，
而是默默地积攒复制所需的零件。
直到零件攒得足够多时，它才开启疯狂组装模式，
在极短时间里，组装出许许多多个自己。
这也就是为什么有时候感冒，一开始症状很轻，
突然某一天就收到了“感冒发烧流鼻涕全家福套餐”。

病毒有很多很多种类，如果从感染对象来分的话，
有植物病毒、动物病毒和细菌病毒。
不要惊讶，虽然细菌很小，但是仍然会被更小的病毒入侵，
这类病毒被形象地称为“噬菌体”。
噬菌体可以算是对人类相对有益的一种病毒，针对致病细菌，
人们可以用相应的噬菌体来分解它，从而清楚致病菌。

植物病毒也有很多分类，其中烟草花叶病毒就是危害较大的一种。

如果粮食作物感染了这种病毒，就会大大减产；

如果花朵感染，则会引起叶片和花瓣颜色的改变。

17 世纪初，彩色相间的郁金香风靡一时，

甚至一些稀缺颜色的杂色郁金香被抬到了一栋房子的价格。

正是病毒入侵了健康的郁金香，从而改变了郁金香原本的颜色。

当人们认识到杂色郁金香是病毒感染的产物后，

杂色郁金香从此跌下神坛。

杂色郁金香

最令人紧张的当然还是会感染人类的动物病毒类型。
我们听得最多的就非“冠状病毒”莫属了！
这种病毒的名字其实非常形象，因为病毒外表面长了很多棘突，
看起来就像是病毒戴上了许多小王冠。
病毒身上的棘突就像钥匙一样可以轻松打开细胞的大门，
细胞在不知情的情况下就被入侵的病毒占领了。
冠状病毒其实是广泛存在于人和动物身上的一类病毒，
目前全球共发现七种可感染人类的冠状病毒。

病毒虽说要寄生于细胞才能生存，
但只要温度、环境都适宜，
它们依然能在没有生命的物质上存活，就像冬眠一样，
直到碰上有生命的细胞，又会再次复苏繁殖。
一般病毒都讨厌高温干燥，喜欢低温潮湿的环境，
所以冬季和初春时，都是病毒传播活跃的时候，
大家要注意做好防护哟。

你们会不会也好奇，最初的病毒是怎么来的？
关于病毒的起源，其实现在也没有定论。
有些科学家认为病毒有 DNA 或者 RNA，
只是相比细胞缺少很多零件，
所以病毒可能是细胞的前体；
有些则认为病毒是某些细胞在特定环境下
逐渐丧失生命行为而诞生的，
就好像一个人突然过上了饭来张口、衣来伸手的生活，
每天足不出户，最终就会忘记如何独立生活。

基因科学领域的专家们在对病毒追根溯源的时候，
都会跟一种动物身上携带的病毒进行基因序列对比，
这个可怕的动物就是蝙蝠。
因为蝙蝠是病毒传播最大的“嫌疑犯”。

蝙蝠是世界上唯一会飞的哺乳动物，它拥有强大的免疫系统，
身上虽然携带着上百种病毒，但仍然非常健康。
于是，蝙蝠就成了空中移动的“病毒库”，
当它们在捕食、活动时会将病毒传染给野生动物，
然后人类在捕杀野生动物做皮草、吃野味时，就可能被感染上病毒。

不过，大家也不用“谈蝠色变”，
因为我们的身体没有想象中那么脆弱。
我们体内有一类细胞叫免疫细胞，它们会在身体各处巡逻，
一旦发现外来入侵的病毒，就会喊上同事们来一起消灭入侵者，
所以免疫细胞就是我们身体的护卫队。

部分免疫细胞在工作时，对细胞和病毒是无差别攻击的。

让我们想象一下：

免疫细胞正在巡逻，突然发现前方细胞里混入了许多入侵者，

无奈免疫细胞是个“大近视”，

它盯着看半天，实在分不出哪个是自己人哪个是敌人，

于是免疫细胞不管三七二十一，朝着对面就扔了颗炸弹！

轰！

病毒被消灭了，健康的细胞也被消灭了……元气大伤。

这也就是为什么病好之后，我们会觉得很疲惫，

养身体其实就是给“误伤”的细胞一段自我修复的时间哦。

4 吃葡萄不吐葡萄皮

我们在日常生活中其实也有一些无伤大雅的基因突变，
比如产生乙醛脱氢酶的基因——ALDH2。
这个乙醛脱氢酶就是在喝酒之后，帮助我们分解酒精的神奇物质。
有些人喝酒后脸特别红，就是因为乙醛脱氢酶不足，
而这种缺乏乙醛脱氢酶的人就是 ALDH2 基因突变。
这种基因突变，就……不可怕。

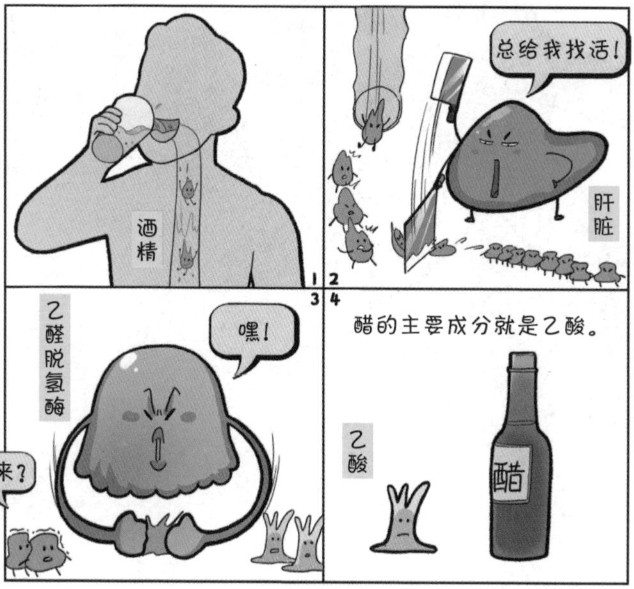

基因突变有坏的、有无伤大雅的，自然也有好的。
例如，名叫 CCR5 的基因，它变异后可以抵抗艾滋病毒。
让我们先认识一个病毒界“大魔王”——
艾滋病病毒（HIV），又称人类免疫缺陷病毒。
这种病毒进入身体后，疯狂攻击身体护卫队——免疫细胞，
直到免疫系统崩坏，身体失去了抵抗外界细菌和病毒的能力。
别的病毒被免疫细胞揍，而 HIV 专挑免疫细胞揍，
并且目前也没有治愈艾滋病的方法。
但是，人们发现这个 CCR5 基因突变，竟然可以抵抗艾滋病毒！
简直让人难以置信。

突变的 CCR5 基因为什么有这么大的威力，
竟然能够抵抗大魔王艾滋病病毒的强大火力？
如果把正常的 CCR5 基因看作是细胞大门的门锁，
艾滋病病毒可以一脚踹开门锁，大摇大摆地进入细胞，
而突变的 CCR5 基因就好比是金库大门的门锁，艾滋病病毒根本踹不开门。
现在科学家们正在努力研究和 CCR5 有关的药物，
终有一天，人类一定可以治愈这个可怕的疾病。

让我们轻松一下，来看看“好吃的变异”吧！
你爱吃西瓜吗？炎热的夏天，从冰箱里抱出半个西瓜，
用勺子挖出大大的一块，哇！多么美好的时刻！
但如果还要吐籽儿，就似乎没那么完美了。
为了能在吃西瓜的时候不吐西瓜籽儿，科学家们研究出了无籽西瓜。

无籽西瓜就是一种基因变异，
通过人工杂交两种染色体数目不同的西瓜，
让它们没有办法产生后代，自然也就没有种子——西瓜籽儿啦。
为了满足小吃货们，科学家也是拼了。
不难想象，随着基因科学的发展，
我们还能吃到无核龙眼、无籽石榴、无壳花生、无皮葡萄等……
到时候，就真的是吃葡萄不吐葡萄皮啦！

不要迷恋哥，哥还是传说。

由此可见，基因变异有坏的，也有好的。
科学家们正在努力了解这些变异，
然后合理地利用它们，小到让我们吃到更好吃的东西，
大到利用基因研究来填补医学上的空缺，
治疗无法痊愈的疾病，造福人类。

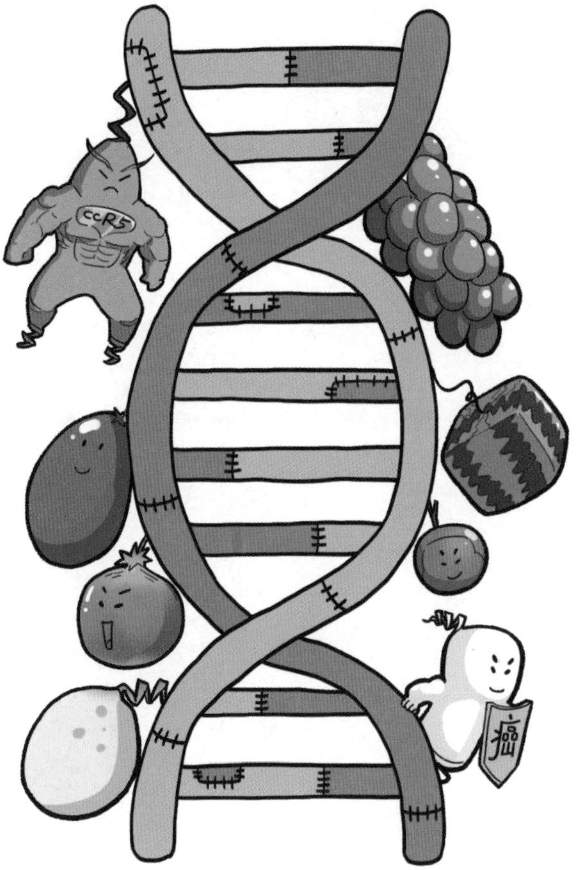